BEI GRIN MACHT SICH IHR WISSEN BEZAHLT

- Wir veröffentlichen Ihre Hausarbeit, Bachelor- und Masterarbeit

- Ihr eigenes eBook und Buch - weltweit in allen wichtigen Shops

- Verdienen Sie an jedem Verkauf

Jetzt bei www.GRIN.com hochladen und kostenlos publizieren

Horst Siegfried Kolb

Vegetarismus. Geschichte und Bewertung aus verschiedenen Fachbereichen

Bibliografische Information der Deutschen Nationalbibliothek:

Die Deutsche Bibliothek verzeichnet diese Publikation in der Deutschen National-
bibliografie; detaillierte bibliografische Daten sind im Internet über http://dnb.d-
nb.de/ abrufbar.

Impressum:

Copyright © 2015 GRIN Verlag GmbH
Druck und Bindung: Books on Demand GmbH, Norderstedt Germany
ISBN: 978-3-656-92917-8

Dieses Buch bei GRIN:

http://www.grin.com/de/e-book/295093/vegetarismus-geschichte-und-bewertung-
aus-verschiedenen-fachbereichen

Horst Siegfried Kolb; BA, MSc

Vegetarismus

2015

Inhaltsverzeichnis

Tabellenverzeichnis

1 Einführung und Aufgabenstellung

Innerhalb der Bundesrepublik Deutschland ist ein zunehmender Trend zu verzeichnen: Vegetarische Nahrungsmittel finden verstärkt Angebot und Absatz in den Supermärkten. Es scheint, als ob es sich bei Vegetariern nicht mehr nur um eine kleine Gruppe Menschen handelt, die sich einer besonderen Ernährungsform verschrieben haben, zunehmend bekennen sich auch Bundesbürger, die nicht, wie man Vorurteilen vernehmen könnte, einer alternativ-ökologischen Lebensweise angehören. Grund genug, sich dem Thema Vegetarismus tiefergehend anzunehmen.

2 Vegetarismus

Nach Gurath (2008) ist seit Beginn der 1990er Jahre ein rückläufiger Fleischkonsum innerhalb der Bundesrepublik Deutschland zu beobachten. So betrug demnach der Fleischverzehr Anfang der 1990er Jahre noch ca. 65 kg pro Kopf und Jahr, 2007 lag der Wert bei ca. 61 kg. (Gurath 2008) „Die Erklärungsansätze für den sinkenden Fleischkonsum sind vielfältig. Zum einen wird das zunehmende Gesundheitsbewusstsein der Bevölkerung als Grund diskutiert, zum anderen werden Tierseuchen wie BSE, MKS, Schweinepest oder Vogelgrippe sowie Skandale in der Fleisch-industrie verantwortlich für den rückläufigen Fleischkonsum gemacht." (Deimel et al. 2010:1) Bereits von Alvensleben (1995) prognostizierte eine Verschlechterung des Fleischimages in der Zukunft. Inwieweit diese Zahlen zutreffen lässt sich hier nicht abschließend klären, jedoch sind innerhalb der Bundesrepublik Deutschland immer wieder – und vielleicht auch zunehmend – Kampagnen pro Fleischkonsum bemerkbar. Interessanter Weise titelte selbst die Mitgliederzeitschrift „bleib gesund" der AOK in ihrer Ausgabe 6-2012 „Fleisch: Wofür es gut ist und wofür nicht" und widmete insgesamt 6 Seiten ihrer 33seitigen Broschüre dieser Thematik. Dabei herrscht gewisser Widerspruch zwischen den Abbildungen und Fenstertexten, die ein durchwegs positives und auf zunehmenden Fleischkonsum gerichtetes Bild vermitteln, zum narrativen Teil, der sich sehr wohl auch kritisch über den aktuellen Fleischverzehr äußert. So liest der Rezipient fettgedruckt: „Selbst in puncto Fett ist Fleisch besser als sein Ruf" (AOK 2012:9), während am gleichen Ort im Fließtext die Botschaft: „Ist Fleisch also unverzichtbar? Jedes Nahrungsmittel ist ersetzbar [...]. Alle im Fleisch enthaltenen Inhaltsstoffe können über eine bewusste Auswahl anderer Nahrungsmittel abgedeckt werden" (AOK 2010:9) sich findet. Vielleicht rührt diese Ambivalenz auch von der zunehmenden Zahl der Vegetarier oder zumindest sich fleischreduziert ernährenden Versicherten einerseits, dem Wunsch der Konformität und der Beibehaltung des Status Quo, trotz besseren Wissens andererseits her?! Fakt ist, dass die Zahl der Ernährungsbewussten und auch die der Vegetarier, aller Couleur, zunimmt. (Deimel et al. 2010; Leitzmann & Keller 2010) „Einst waren es nur ganz wenige, dann wurden es immer mehr, bis zum heutigen Tag. Vegetarismus und Veganismus haben sich vom Stigma der weltfremden Spinnerei befreien können und sind unaufhaltsam auf dem Vormarsch. Und es sind nicht mehr nur Hippies, Aussteiger und Ökos in Jesus-Latschen, die die Vorzüge gesunder Ernährung zu schätzen wissen." (Bratherig 2012:62)

Grund genug, sich diesem Thema anzunähern.

2.1   Definition und Begriffsbestimmung

Das Klinische Wörterbuch Pschyrembel (2002:1739) definiert einen Vegetarier von lat. vegetabilis pflanzlich, maskulinium, engl. vegetarian, als einen „sich vorwiegend od. ausschl. von vegetabiler Nahrung Ernährender." Umfangreicher findet sich die Begriffsbestimmung bei Leitzmann & Keller (2010:19), die erläutern, dass es sich beim Vegetarismus „um eine Ernährungsweise [handelt], bei der ausschließlich oder überwiegend pflanzliche Lebensmittel wie Getreide, Gemüse, Obst, Hülsenfrüchte, Nüsse und Samen verzehrt werden. Je nach Form des Vegetarismus können auch Produkte von lebenden Tieren, wie Milch, Eier und Honig sowie alle daraus hergestellten Erzeugnisse enthalten sein. Ausgeschlossen sind Lebensmittel, die von toten Tieren stammen, wie Fleisch, Fisch (einschließlich anderer aquatischer Tiere) sowie alle daraus hergestellten Produkte. [...] Beim Vegetarismus handelt es sich um einen Lebensstil, da neben gesundheitlichen Aspekten auch ethisch-moralische, ökologische, soziale, ökonomische und politische Anliegen beachtet werden." Wie weiter unten gezeigt wird, existieren mehrere fließende Übergänge, so dass aus naturwissenschaftlich-philosophischer Sicht nicht jeder ein tatsächlicher Vegetarier ist, der sich selbst so etikettiert. Nach Haddad & Tanzman (2003) gaben innerhalb einer US-amerikanischen Studie mit 13.313 Probanden 64% der sich selbst als „Vegetarier" bezeichnenden Teilnehmer an, Fleisch zu verzehren. Eine finnländische Studie mit 24.393 Probranden zeigte, dass 80% der Stichprobe, die sich selbst als Vegetarier deklarierten, Fleisch und Fisch aßen. (Vinnari et al. 2009)

2.2 Vegetarieranteile innerhalb der Bevölkerungen

Nachfolgende Tabelle zeigt die Anteile der vegetarisch lebenden Be-völkerungen nach Ländern geordnet, obgleich die Angaben von Leitzmann (2012) und von Risi & Zürrer (2012) minimal abweichen, zeigt der Überblick, dass die Bundesrepublik Deutschland, Italien bzw. das Vereinigte Königreich Großbritannien die Pool-Positionen innerhalb Europas einnehmen.

Land	Einwohner (2006) In Millionen	Anzahl der Vegetarier in Tausend	Anteil der Vegetarier an der Bevölkerung in %
Australien	20,2	400	2
Belgien	10,4	210	2
Dänemark	5,4	110	2
Deutschland	82,7	6600	8
(Risi & Zürrer (2012) geben an, dass 4/5 der sich vegetarisch ernährenden Menschen Frauen sind)			
Frankreich	60,5	1200	2
Großbritannien	59,7	5900	9

Irland	4,1	240	6
Italien	58,1	2900	5
		(Nach Risi & Zürrer (2012) sind es 10%)	
Kanada	32,3	1300	4
Niederlande	16,3	700	4
		(Nach Risi & Zürrer (2012) sind es 4,3%)	
Norwegen	4,6	90	2
Österreich	8,2	245	3
		(Nach Risi & Zürrer (2012) sind es 3 bis 4%)	
Polen	38,5	385	1
Portugal	10,5	200	2
Rumänien	21,7	850	4
Schweden	9,0	270	3
		(Nach Risi & Zürrer (2012) sind es 3 bis 4%)	
Schweiz	7,5	225	3
		(Nach Risi & Zürrer (2012) sind es 3 bis 4%)	
Slowakei	5,4	54	1
Spanien	43,1	1700	4
Tschechei	10,2	205	2
USA	302,2	7400	2,5
		(Nach Risi & Zürrer (2012) sind es 3%)	

Tabelle 1: Anzahl der Vegetarier in verschiedenen Ländern nach Schätzungen internationaler Vegetarierorganisationen
(Leitzmann 2012 und Risi & Zürrer 2012)

„Wie viele Vegetarier es weltweit gibt, läßt sich nicht genau feststellen. Vegetarierverbände, aber auch Gesundheitsinstitutionen, Wissenschaft und Meinungsforschungsinstitute führen jedoch immer wieder Bevölkerungsumfragen durch, die ungefähre Schätzungen erlauben. [...]

Das Verhältnis von Frauen und Männern wird [...] meist mit 60:40 angegeben." (Leitzmann 2012:38)

2.3   Systematik und Differenzierung

„Vegetarier" ist weder ein geschützter Begriff noch eine einheitliche Ausprägung. „Vegetarier ist nicht gleich Vegetarier." (Diemling 2010:239)

Die Anhänger des Vegetarismus lassen sich in Gruppen klassieren, je nachdem, was gemieden bzw. gegessen wird:

❖ **Veganer**

   Meiden innerhalb ihrer Ernährung alle tierischen Produkte wie beispielsweise Fleisch, Fisch, Eier, Mich, Honig etc. und lehnen in ihrer Lebensweise (meist jegliche) tierischen Erzeugnisse
   (z. B. Leder) ab.

❖ **Lakto-Vegetarier**

   Essen weder Fleisch, Fisch oder Eier, allerdings nehmen sie Milchprodukte (Milch, Käse, Quark, Milchschokolade etc.) zu sich.

❖ **Ovo-Vegetarier**

   Essen weder Fleisch, Fisch oder Milch und Milchprodukte, allerdings nehmen sie Eier und Produkte daraus (Kuchen, Nudeln etc.) zu sich.

❖ **Lakto-Ovo-Vegetarier**

   Essen weder Fleisch noch Fisch, jedoch Milch- und Eierprodukte.

❖ **Rohköstler**

   Ernähren sich von nicht gekochten, nicht gegarten oder gebratenen, meist ausschließlich pflanzlichen Lebensmitteln.

❖ **Fruktarier / Frugivoren**

   „Strenge Sonderform der Rohköstler. Erlaubt sind nur Früchte (wozu auch Nüsse, Gurken, Tomaten und manchmal Getreide gezählt werden; es gibt unterschiedliche Ansichten darüber, was noch als Frucht gilt." (Diemling 2010:241)

❖ **Pesco-Vegetarier / Pescetarier**
Meiden von Fleisch (Säugetiere und Vögel). Fisch ist erlaubt. Die Pescetarier zählt die britische Vegetarian Society jedoch nicht mehr zum eigentlichen Kreis der Vegetarier." (Diemling 2010:241)

Die Übersicht zeigt die Notwendigkeit einer differenzierten Betrachtung, da „es „die" vegetarische Ernährungsweise ebenso wenig gibt wie „den" Vegetarier. Hinter dem Kollektivsingular „Vegetarismus" verbirgt sich eine breite Palette von Ernährungs- und Lebensweisen, wobei umstritten ist, wer noch dazu gehört und wer nicht." (Diemling 2010:241)

2.4   Vegetarische Prädisposition

Leitzmann & Keller (2010) stellen unter Bezug auf eine Veröffentlichung der Friedrich-Schiller-Universität Jena (2006) fest, dass psychologische Untersuchungen keine bestimmte psychische Konstitution der Vegetarier ergaben, die eine Hinwendung zu dieser Lebensform forcieren. Es existieren aber Bereiche, in denen sich die Persönlichkeit von Vegetariern von der der Durchschnittsbevölkerung unterscheide. „So zeigen sich Vegetarier offener für neue Erfahrungen und legen mehr Wert auf universelle Tugenden wie Verständnis, Toleranz oder die Sorge um das Wohlergehen aller Menschen und der Natur. Außerdem empfinden Vegetarier Macht, sozialen Status und Autorität über andere Menschen als vergleichsweise unwichtig." (Leitzmann & Keller 2010:26)
Interessant erscheint eine Studie, die eine Korrelation zum Intelligenz-quotienten (IQ) im Kindesalter mit der vegetarischen Lebensweise im Erwachsenenalter feststellte. (Gale et al. 2007) „Je höher der IQ im Alter von zehn Jahren war, umso höher war die Wahrscheinlichkeit, im Alter von dreißig Jahren Vegetarier zu sein." (Leitzmann & Keller 2010:26)
Allerdings zeigten sich auch negative Tendenzen:

So war bei verschiedenen Untersuchungen eine Korrelation psychischer Auffälligkeiten bei Mädchen und jungen Frauen und vegetarische Ernährung manifestiert. Es zeigten sich, bei „junge[n] Vegetarierinnen (11 – 18 bzw. 22 – 27 Jahren) öfter Depressionen und Angststörungen als Nichtvegetarierinnen. Praktiken der Selbstverletzung, Selbstmordgedanken sowie versuchte Selbsttötungen kamen ebenfalls häufiger vor." (Leitzmann & Keller 2010:26 in Bezug auf Perry et al. {2001] und Baines et al. [2007])

Auch ernähren sich Mädchen und junge Frauen mit Störungen im Essverhalten häufiger vegetarisch als die vergleichbare Altersgruppe der Gesamtbevölkerung. (Leitzmann & Keller 2010) Wobei sich hier die Frage nach Ursache und Wirkung stellt, besteht doch der Verdacht, dass die Eßstörung grundlegend ist und durch den Verzehr vegetarischer Kost beispielsweise versucht wird Kalorien einzusparen.

2.5   Geschichtlicher Abriss

Die Entwicklung des Vegetarismus im Abendland unterlag nach Leitzmann (2012) starken Schwankungen. Nach einer ersten Blütezeit in der Antike, hier ist besonders Pythagoras zu erwähnen, bewahrten hauptsächlich (fern)-östliche Religionen und Traditionen die vegetarische Ernährungsweise. Pythagoras (um 570 bis um 500 Jahren vor unserer Zeitrechnung), setzte sich im antiken Griechenland besonders gegen Fleischverzehr ein. „Auf seinen Reisen kam er als einer der ersten Europäer mit der asiatischen Welt, ihrem Gedankengut und ihren Religionen in Berührung." (Leitzmann 2012:31) In wie weit ihn diese Reisen in Regionen Indiens führten ist unklar, auch, in wie weit er von den Lehren des, zur gleichen Zeit dort lehrenden Siddharta Gautama (Buddha, Religionsstifter in Indien, ca. 560 – 480 v. u. Z.) geprägt wurde. „Das Meiden des Verzehrs von Fleisch und damit der Nichtverzehr von „beseelten" Wesen, basierend auf dem Glauben an Seelenwanderung und Wiedergeburt (Reinkarnation), wurde zu einem wesentlichen Bestandteil des Pythagoräismus , wie die vegetarische Lebensweise bis zu Beginn des 20. Jahrhunderts bezeichnet wurde." (Leitzmann 2012:31) Mit der ausgehenden Antike sind nur wenige Propagandisten des Vegetarismus überliefert. Einer davon war Leonardo da Vinci (Maler, Erfinder und Universalgenie, 1452 – 1519), dem das Zitat zugeschrieben wird:

„Ich habe schon in jüngsten Jahren dem Essen von Fleisch abgeschworen, und die Zeit wird kommen, da die Menschen wie ich die Tiermörder mit gleichen Augen betrachten werden wie jetzt die Menschenmörder."

(„Es wird die Zeit kommen, in welcher wir das Essen von Tieren ebenso verurteilen, wie wir heute das Essen von unseresgleichen, die Menschenfresserei, verurteilen")

(Leonardo da Vinci)

Neue Impulse traten gegen Ende des 19. Jahrhunderts auf und Vegetarismus, oder vielmehr „Pythagoräismus" wie es damals noch hieß, erreichten eine breitere Öffentlichkeit in Europa und den USA. Bereits einige Jahre zuvor bildete sich in Manchester (England) 1806 die weltweit erste vegetarische Vereinigung und 1867 gründete sich der „Verein für natürliche Lebensweise" in Nordhausen (Deutschland). 1884 existierten bereits 11 Vegetarier-Vereinigungen und 1892 schlossen sich die beiden bedeutendsten in Leipzig zum Deutschen Vegetarier-Bund zusammen. In Dresden erfolgte schließlich 1908 die Gründung der Internationalen Vegetarier-Union, die regelmäßige internationale Kongresse initiierte. Aufgrund steigender Nachfrage nach naturbelassenen Lebensmitteln entstanden seit 1887 mit dem Berliner Versandhaus Carl Braun die ersten Reformwarenläden. Die erste vegetarische Gaststätte im Deutschen Reich wurde 1871 vermutlich unter Beteiligung Richard Wagners (Komponist, 1813 – 1883) in Bayreuth eröffnet. (Leitzmann 2012)
Im Rahmen der allgemeinen Gleichschaltungsbestrebungen des Dritten Reiches (1933 – 1945) wurde auch der Deutsche Vegetarier-Bund 1935

aufgelöst. Eine Neuorganisation setzte bereits rasch nach Ende des 2. Weltkrieges mit der Gründung der Vegetarier-Union Deutschland 1946 ein. Diese wurde 1973 in „Bund für Lebenserneuerung" und schließlich 1983 in „Vegetarier-Bund Deutschland e. V." mit Sitz in Hannover umbenannt. (Leitzmann 2012)

Leitzmann (2012) gibt weiter an, dass viele der Menschen, die sich heute vegetarisch ernähren aus der, in den 1970er Jahren aufkommenden, Umweltschutz- und Ökologiebewegung kommen. Zunehmend ist aber auch ein Trend erkennbar, der auf spirituellen und esoterischen Wurzeln beruht. Neben einer steigenden Anhängeranzahl neu hinzugekommener Religionen und Glaubens- bzw. Lebensanschauungen wie dem Buddhismus, Hinduismus mit Aspekten wie der Hare-Krishna-Bewegung, sind es zunehmend auch Anhänger und Praktizierende des Yoga in all seinen Ausprägungen. Allen voran ist Yoga Vidya e. V. mit drei Standorten zu nennen, bei dem das Prinzip der Gewaltlosigkeit (Ahimsa) letztlich auch auf die Ernährung übertragen wurde und innerhalb seiner Zentren – allen voran dem Yoga-Ashram in Horn-Bad Meinberg, ausschließlich vegetarische Kost für die Seminarteilnehmer und Mitarbeiter anbietet.

Selbst Fast-Food-Unternehmen wie McDonald's® oder Burger King® haben bereits vegetarische Burger in ihre Produktpalette aufgenommen. McDonald's® hatte zunächst bis Anfang 2005 in Deutschland einen Gemüseburger unter dem Namen „Gemüsemac", im Angebot. Seit dem 15. Februar 2010 gibt es dort den „Veggieburger" (Wortbildung aus Vegetarian Burger, „vegetarischer Burger"), der sich aber deutlich vom vorherigen Gemüsemac unterscheidet. (Spiegel Online 2010) McDonald's® erläutert selbst auf der firmeneigenen Internetseite, dass wieder eine fleischlose Alternative in den Restaurants angeboten wird: Der Veggieburger bestehe demnach aus einem Kartoffel-Gemüse-Rösti mit würziger Sauce, knackigem Salat und Käse. (McDonald's 2010)

3   Entwicklungsgeschichte der menschlichen Ernährung

Nachfolgend soll der Frage nachgegangen werden, was denn der Mensch nun eigentlich (eher) ist: Fleischfresser (Carnivoren), Pflanzenfresser (Herbivoren) oder Allesfresser (Omnivoren), in welcher gewichteten Ausprägung und was denn nun eine „artgerechte" Ernährungsweise für den Menschen (Homo sapiens) darstellt.

Gleich zu Beginn ihrer Ausführungen stellen Leitzmann und Keller (2010:27) fest, dass eine „artgerechte Ernährung des Menschen [Anm.: Anthropos] [...] nicht nur anhand der Ernährungsweise der genetisch nächsten tierischen Verwandten [Anm.: Der Affen: Anthropoiden] begründet [wird], sondern auch aufgrund anatomischer und physiologischer Merkmale."

Merkmal	Herbivoren (Pflanzenfresser)	Carnivoren (Fleischfresser)
Maul- bzw. Mundöffnung	klein, Hautfalten bzw. Backentaschen	weit, z. T. bis zum Kiefergelenk
Zähne	schneiden und mahlen	reißen und festhalten
Kieferbewegung	vertikal und horizontal	vertikal
Schluckvorgang	schlucken	schlingen
Zunge	muskulös, kräftig, rauh	dünn
Speichelsekretion	viel	wenig
pH-Wert des Speichels	alkalisch	sauer
Speichelenzyme	Amylase, Ptyalin	keine
Magensäuresekretion	schwach	stark
Magenverweildauer	lang	kurz
Darmoberfläche	Zotten	glatt
Dickdarmmuskeln	Tänien, Haustren	glatt
Fäzesgeruch	unauffällig	stinkend
Verhältnis von Darm zur Länge des Körpers (Mensch= 12:1)	groß (Schaf= 20:1)	klein (Wolf= 4:1)

Tabelle 2:   Anatomische und physiologische Merkmale des Verdauungskanals bei Pflanzenfressern und Fleischfressern (von Koerber et al. 2004 zit. nach Leitzmann & Keller 2012:34)

Zusammenfassend und vor dem Hintergrund der menschlichen Entwicklungsstufen konstatieren Leitzmann & Keller (2010) eine omnivore Nahrungsstrategie als artgerechte Ernährung. Sie stellen dabei fest, dass sich der prähistorische Mensch wohl überwiegend pflanzlich ernährte und seinen Speiseplan vorwiegend durch Insekten ergänzte – ein Aspekt, den viele Anthropoiden beibehielten. Das „Anpassungsfähige Vielseitigkeitsmodell" (adaptive versatility model) nach Ungar et al. (2006), worin für frühe Hominine und Hominide eine flexible, opportunistische und omnivore Nahrungsstrategie postuliert wird, scheint zutreffend. Abhängig von Lebensraum und der Jahreszeit können so alle Nahrungsressourcen effizient durch den Menschen genutzt werden. „Somit ist eine Nicht-spezifizierung auf bestimmte Nahrung ein Kennzeichen der frühen Homininen." (Leitzmann & Keller 2010:31). „Eine überwiegend pflanzliche Ernährung kann als artgerecht für den Menschen bezeichnet werden." (Leitzmann & Keller 2010:36)

4 Beweggründe zur vegetarischen Ernährung

„Die individuellen Gründe für vegetarische Ernährung lassen sich in der Regel einem der vier großen Themenkomplexe `Ethik`, `Gesundheit`, `Ökologie` und `Religion` zuordnen." (Bannöh et al. 1999:2) Daneben exis-tieren weitere Motive sich vegetarisch zu ernähren, wie beispielsweise die „Gewohnheit oder Erziehung, kein Fleisch zu essen, Preisgründe oder schlicht und einfach der Grund, dass man Fleisch nicht besonders mag." (Migros 2002:9)

Ethisch-philosophischer Hintergrund

Leitzmann (2012:16) sieht den ethisch-philosophischen Grund als ältestes Hauptmotiv an, welches Menschen zum Vegetarismus bewegt, also „die ethische Überzeugung, daß es Unrecht ist, Tieren Leid zuzufügen und sie zu töten." „Viele [...] protestieren [...] explizit gegen moderne Haltungs-formen wie Massentierhaltung. Andere fordern die absolute Einstellung der Nutztier-Industrie. Allgemein läßt sich sagen, daß ethische

VegetarierInnen mit der Ernährung, insbesondere mit dem Konsum tierischer Produkte, mehr verbinden als die bloße Befriedigung des Grundbedürfnisses der Nahrungsaufnahme. Sie assoziieren beispielsweise mit einem Steak keine schmackhafte Mahlzeit, wie es beim Fleischessenden in der Regel der Fall ist, sondern vielmehr die (abstoßende) Tötung des Tieres zur Fleischherstellung." (Bannöh et al. 1999:6)

Gesundheitlicher Hintergrund

An zweiter Stelle begründen die meisten Vegetarier das Meiden von Fleisch und Fisch mit gesundheitlichen Beweggründen. (Leitzmann 2012) Eine fleischlose Kost gilt inzwischen als eine zeitgemäße und zukunftsweisende Ernährungsform, da sie als „leichte Kost" bestens dazu geeignet ist, den gestressten und körperlich wenig aktiven Menschen der Gegenwart gesund und fit zu erhalten. Dieser Gesundheitstrend bewegt sich inzwischen auf gesicherten wissenschaftlichen Erkenntnissen und Studien ergaben, dass ernährungsbedingte Krankheiten wie koronare Herzerkrankungen, Gicht, Übergewicht (Adipositas) und verschiedene Krebskrankheiten durch eine vegetarische Lebensweise signifikant reduziert werden. (Leitzmann 2012)

Ökologischer Hintergrund

„Die Entscheidung für eine nachhaltige, ökologische Landwirtschaft sowie für einen verantwortungsbewußten Umgang mit den natürlichen Ressourcen der Erde zählt zu den ökologisch motivierten Beweggründen. Die Produktion von Fleisch gilt als ressourcenintensiv. Die für die Futterherstellung benötigte Weidefläche könnte wesentlich effektiver (z. B. für Getreideproduktion) genutzt werden. Ebenso kann die hohe Nitratbelastung durch die räumlich konzentrierte Viehhaltung als ökologisches Argument gegen den Fleischkonsum angesehen werden." (Bannöh et al. 1999:6-7)

Religiöser Hintergrund

Die verschiedensten (Welt)-Religionen und Glaubensgemeinschaften beschäftigten sich in ihren Schriften und Aussagen mit Gedanken, die das Verhältnis des Menschen zu seinen Mitgeschöpfen (Tiere, Pflanzen) thematisieren. „Viele religiöse Meister waren Vegetarier. Sie hatten keine Religion, sondern lebten ihre Religion aufgrund dessen, was sie in ihrem Leben erfahren hatten. Allen gemeinsam war jedoch immer die Achtung anderer Lebewesen, ungeachtet ihrer Bedeutung und Entwicklungsstufe." (Leitzmann 2012:24)

Eine zusammenfassende Übersicht unterschiedlicher Gründe, die Menschen zum Vegetarismus bewegen, gibt Leitzmann (2012:17) als Auszug der Schrift „Vegetarische Ernährung" von Leitzmann & Hahn (1996:18):

ethisch / religiös	Töten als Unrecht / Sünde Fleischverzehr als religiöses Tabu oder Gebot Lebensrecht der Tiere Mitgefühl mit Tieren Ablehnung der Massentierhaltung Ablehnung der Tiertötung als Beitrag zur Gewaltfreiheit in der Welt (Ahimsa) Ablehnung des Verzehrs tierischer Nahrung als Beitrag zur Lösung des Welthungerproblems
ästhetisch	Abneigung gegen den Anblick toter Tiere Ekel vor Fleisch Höherer kulinarischer Genuss vegetarischer Gerichte
spirituell	Freisetzung geistiger Kräfte Unterstützung von meditativen Übungen und Yoga Verminderung des Geschlechtstriebes
sozial	Erziehung Gewohnheit Gruppeneinflüsse Sozialisation Ablehnung tierischer Nahrung als Beitrag zur Lösung des Welthungerproblems
gesundheitlich	Allgemeine Gesunderhaltung (undifferenziert) Körpergewichtsabnahme Prophylaxe bestimmter Erkrankungen Heilung bestimmter Erkrankungen Steigerung der körperlichen Leistungsfähigkeit Steigerung der geistigen Leistungsfähigkeit

kosmetisch	Körpergewichtsabnahme Beseitigung von Hautunreinheiten
hygienisch- toxikologisch	Bessere Küchenhygiene in vegetarischen Küchen Verminderung der Schadstoffbelastung
ökonomisch	Begrenzte finanzielle Möglichkeiten Sparen für andere Werte als Ernährung
ökologisch	Verminderung der durch Massentierhaltung bedingter Umweltbelastungen Verminderung der zur Fleischherstellung bedingten Um- weltbelastungen

Tabelle 3:   Gründe für eine vegetarische Ernährung

(In Anlehnung an Leitzmann 2012:17 / Leitzmann & Hahn 1996:18)

5   Oecotrophologische Bewertung

Der Vegetarismus, der neben Aspekten der Ernährung meist auch mit anderen Elementen der Lebensführung (weniger bis kein Alkohol, Rauchen, mehr Sport, gesündere Lebenshaltung etc.) konjugiert ist, lässt sich aus ernährungsphysiologischen und gesundheitlichen Perspektiven schwer untersuchen. Andererseits gibt es, wie weiter oben dargelegt, „den Vegetarier" nicht und vegetarische Kostformen existieren in unterschiedlichen Ausprägungen. Letztlich lassen sich aber einige Studienergebnisse zusammenfassen und geben Hinweise darauf, dass durch den Vegetarismus keine Mangelerscheinungen (bei normaler Lebensweise im Erwachsenenalter) auftreten.

„Nach dem derzeitigen Erkenntnisstand der ernährungswissenschaftlichen Forschung wird zur optimalen Nährstoffversorgung sowie zur Prävention ernährungsabhängiger Erkrankungen folgende Lebensmittelauswahl empfohlen:

- erhöhter Verzehr pflanzlicher Lebensmittel
- verminderter Verzehr tierischer Lebensmittel
- erhöhter Verzehr von Vollkornprodukten
- verminderter Verzehr von Auszugsmehlprodukten und raffinierter Produkte (z. B. weißer Zucker)

- geringerer Verzehr von Fett [...]
- verminderter Konsum von Genußmitteln wie Kaffee, Alkohol usw.
- geringerer Verzehr von geräucherten, gepökelten und scharf gebratenen Lebensmitteln."

(Leitzmann 2012:58)

Die dargestellten Empfehlungen entsprechen weitestgehend den Bedingungen, die eine vegetarische Lebensweise mit sich bringt.

Dies bestätigt auch Leitzmann (2012:58) wenn er schreibt: „Verschiedene wissenschaftliche Untersuchungen haben gezeigt, daß eine günstig zusammengestellte vegetarische Ernährung dazu geeignet ist, diese Empfehlungen zu erfüllen."

Nahrungsenergieversorgung

Der Mensch nimmt zur Aufrechterhaltung seiner Körperstrukturen und Körperfunktionen Energie aus der Nahrung auf. Dieser Energiebedarf gliedert sich in Grundumsatz, Leistungsumsatz und der nahrungs-induzierten Thermogenese.

Vegetarier überschreiten nur selten die Empfehlungen nationaler Gremium z. B. der Deutschen Gesellschaft für Ernährung (DGE) in puncto Nahrungsenergieaufnahme. Vegetarier praktizierte, im Vergleich zur Durchschnittsbevölkerung eine geringere Nahrungsenergieaufnahme, als die Zufuhrempfehlungen der Ernährungswissenschaft. Dies erweist sich insgesamt als günstig zur Vermeidung von Adipositas und damit assoziierten ernährungsabhängigen Erkrankungen. (Leitzmann 2012)

Nährstoffversorgung

Die zur Versorgung zur Verfügung stehenden Nährstoffe können in energieliefernde Hauptnährstoffe, hierzu zählen Proteine, Fette und Kohlenhydrate, und nicht-energieliefernde Nebennährstoffe, wozu Vitamine, Mineralstoffe und Spurenelemente zählen, differenziert werden.

Ohne nun jeden Nährstoff einzeln zu beschreiben, werden die Kernaussagen der Oecotrophologen Claus Leitzmann und Markus Keller (2010:213) nachfolgend gelistet:

- „Der Kohlenhydratanteil liegt bei vegetarischer Ernährung höher als in der Durchschnittsbevölkerung.
- Bei Vegetariern ist der Fettanteil der Kost gleich hoch, die Fettmenge niedriger als in der Durchschnittsbevölkerung.
- Mit vegetarischer Kost wird sowohl anteil- als auch mengenmäßig weniger Protein aufgenommen als mit Mischkost.
- Vegetarier nehmen mehr ß-Carotin, Folat und Biotin sowie Vitamin B_1, C und E auf als die Durchschnittsbevölkerung.
- Vegetarische Kost enthält weniger Niacin sowie Vitamin B_6 und D als Mischkost. [Anm.: Laut Leitzmann & Keller (2010:268) besteht bei Vitamin D ein allgemeiner Mangel in der Bevölkerung.]
- Vegetarische Kost enthält wenig und vegane Kost kein Vitamin B_{12} (sofern keine angereicherten Produkte verzehrt werden).
- Vegetarier nehmen weniger Natrium und Phosphor, aber mehr Magnesium auf als die Durchschnittsbevölkerung.
- Die Ballaststoffzufuhr liegt bei Vegetariern deutlich höher als in der Durchschnittsbevölkerung.
- Mit vegetarischer Kost werden erheblich mehr bioaktive Substanzen, v. a. sekundäre Pflanzenstoffe, zugeführt als in der Durchschnittsbevölkerung."

Die vegetarische Ernährung, fasst man alle Aspekte zusammen, bietet eine niedrigere Nahrungsenergiezufuhr als dies bei Nicht-Vegetariern der Fall ist – was aber hier in Hinblick auf Adipositas durchaus positiv zu bewerten ist. Wichtig bei allen Untersuchungen scheint auch immer zu sein, um welche Facette (Vegetarier, Lakto- und oder Ovo-Vegetarier) es sich handelt. Besonders bei verändertem Nährstoffbedarf wie bei Schwangeren, laktierenden Frauen, Kindern, Leistungssportlern und älteren Menschen ist dies zu berücksichtigen. (Leitzmann 2012)

„Mit einer vollwertigen lakto-(ovo-)vegetarischen Ernährung ist eine ausreichende und befriedigende Nährstoffversorgung vielfach besser umzusetzen als mit Mischkost [Anm.: Also der omnivoren Durchschnitts-bevölkerung)." (Leitzmann & Keller 2010:212)

6   Patho- und salutogenetische Bewertung

Leitzmann & Keller (2010) stellen auf rund 87 Seiten die Vorzüge der vegetarischen Ernährung in Bezug auf die Prävention, Ätiologie und Pathogenese, die salutogenetischen Protektivfaktoren und den Einfluss auf chronische Erkrankungen gegenüber nicht-vegetarischer Ernährung dar. Dabei stellen sie die positiven Wirkungen des Vegetarismus beispielsweise auf Adipositas und den daraus resultierenden Folgen, Diabetes mellitus, Hypertonie, Arteriosklerose, kardiovaskulären Erkrankungen, Krebs, Osteoporose und anderen dar und kommen als Conclusio zu folgenden Kernaussagen:

- „Die gesundheitlichen Vorteile des Vegetarismus sind deutlich größer als die Risiken.
- Der Gesundheitsstatus wird durch den gesamten Lebensstil beeinflusst. [Es kann festgestellt werden, dass „Vegetarier [...] seltener rauchen und mehr Sport treiben als die Allgemein-bevölkerung." (Leitzmann & Keller 2010:183)]
- Vegetarier sind selten übergewichtig.
- Eine vegetarische Ernährung senkt das Diabetesrisiko.
- Vegetarier weisen niedrige Blutdruckwerte auf und leiden seltener an Hypertonie.
- Vegetarier leiden seltener an Herz-Kreislauf-Erkrankungen.
- Eine vegetarische Ernährung kann das Krebsrisiko senken. [...]
- Vegetarier leiden seltener an chronischen Erkrankungen.
- Eine vollwertige vegetarische Ernährung kann die Lebenserwartung erhöhen. [Anm.: Eindeutige Ergebnisse liegen hierzu allerdings nicht vor. „Offenbar ist die alleinige Unterscheidung in Vegetarier

und Nicht-Vegetarier nicht aussagekräftig genug. Vielmehr muss auch bei Vegetariern genauer unterschieden werden, ob neben dem Meiden von Fleisch und Fisch viel oder wenig präventive pflanzliche Lebensmittel, wie Obst, Gemüse, Nüsse und Vollkornprodukte, verzehrt werden." (Leitzmann & Keller 2010:182) Singh et al. (2003) belegen hierzu in einer Studie, dass ein niedriger Fleischkonsum und ein reichlicher Genuss pflanzlicher Lebensmittel sich lebensverlängernd auswirken.]

(Leitzmann & Keller 2010:183)

Auch für ältere Menschen und Senioren sehen Leitzmann und Keller (2010) eine vegetarische Ernährung indiziert, wenn die Lebensmittel eine hohe Nährstoffdichte und eine altersgerechte Zubereitung und Darreichung aufweisen. Vegetarismus ist demnach in allen Lebensphasen möglich sofern die Kost gut geplant ist und etwaige kritische Nährstoffe bei Bedarf substituiert werden.

7   Zusammenfassung und Schlussbetrachtung

Glaubt man den Empfehlungen der Ernährungswissenschafter, so bietet die vegetarische Ernährung zahlreiche Vorteile. Neben einer gesunden Ernährung bietet sie die Möglichkeit sich aktiv in den Natur-, Klima- und Tierschutz zu involvieren und auch für diejenigen, die aus ethisch-moralisch-philosophischen Gründen sich dazu hingezogen fühlen, stellt sie eine Alternative dar.

Letztlich muss jeder sein Leben selbst leben und seine Entscheidungen treffen und begründen. Ein Weg ist der Vegetarismus und dies scheint nicht der schlechteste zu sein!

Literaturverzeichnis

Allgemeine Ortskrankenkasse (AOK) – Die Gesundheitskasse (2012): bleib gesund, Zeitschrift für versicherte Mitglieder, Ausgabe Coburg, AOK Bayern 6-2012, AOK-Bundesverband (Hrsg:), Berlin: AOK

Baines, S.; Powers, J. & Brown, W. J. (2007): How does the health and well-being of young Australian vegetarian and semi-vegetarian women compare with non-vegetarian? Public Health Nutrition, Vol. 10, Issue 5, pp. 436 – 442

Bannöh, J.; Hopp, M. & Rodenstein, S. (1999): Vegetarismus. Beweggründe von VegetarierInnen und Auswirkungen vegetarischer Ernährung, Semesterarbeit im WS 98/99 bei Lippl, Bodo und Schröder, Ursula, Empirische Sozialforschung I, Institut für Sozialwissenschaften, Humboldt-Universität zu Berlin, Berlin

Bratherig, C. „Satya Devi" (2012): Achtsamkeit im Umgang mit unseren Tieren. In: Berufsverband der Yoga Vidya Lehrer/innen e. V. (BYV) und Yoga Vidya e. V. (Hrsg.): Yoga Vidya Journal, Nr. 26, S. 62 – 63, Horn-Bad Meinberg

Deimel, I.; Böhm, J. & Schulze, B. (2010): Low Meat Consumption als Vorstufe zum Vegetarismus? Eine qualitative Studie zu den Motivstrukturen geringen Fleischkonsums, Diskussionspapiere (Discussion Papers), Department für Agrarökonomie und Rurale Entwicklung, Georg-August-Universität Göttingen, Göttingen

Diemling, P. (2010): „Vegetarismus" als Thema im Religionsunterricht. In: Theo-Web, Zeitschrift für Religionspädagogik Ausgabe 9 (2010), Heft 2, S. 239 – 265

Gale, C. R.; Deary, I. J.; Schoon, I. & Batty, G. D. (2007): IQ in childhood and vegetarianism in adulthood: 1970 British cohort study, BMJ 334 (7587), p. 245

Gurath, P.(2008): Vom Erzeuger zum Verbraucher – Fleischversorgung in Deutschland, Statistisches Bundesamt (Destatis), Wiesbaden: Destatis

Haddad, E. H. & Tanzman, J. S. (2003): What do vegetarians in the United States eat? American Journal of Clinical Nutrition, Vol. 78, pp. 626 – 632

Leitzmann, C. (2012): Vegetarismus. Grundlagen, Vorteile, Risiken. München: Verlag C. H. Beck

Leitzmann, C. & Keller, M. (2010): Vegetarische Ernährung, Stuttgart: Verlag Eugen Ulmer

McDonald's (2010): McDonald's Deutschland – eine Erfolgsgeschicht. Online im Internet unter: http://www.mcdonalds.de geladen am 03.11.2012

Migros (Genossenschaft Migros Zürich) (Hrsg.) (2002): Vegetarische Ernährung, Zürich

Perry, C. L.; McGuire, M. T.; Neumark-Sztainer, D. & Story, M. (2001): Characteristics of vegetarian adolescents in a multiethnic urban population, J. Adolesc Health, Vol. 29, Issue 6, pp. 406 - 416

Pschyrembel Klinisches Wörterbuch (2002), 259. Auflage, Berlin: Walter de Gruyter Verlag

Risi, A. & Zürrer, R. (2012): Vegetarisch leben. Vorteile einer fleischlosen Ernährung, Zürich: Govinda-Verlag

Spiegel-Online (2010): Fastfood-Kette McDonald's lockt Frauen mit Veggie-Burger. Online im Internet unter: http://www.spiegelde/wirtschaft/ unternehmen/0,1518,676852,00.html, geladen am 03.11.2012

Vinnari, M.; Montonen, J.; Härkänen, T. & Männistö, S. (2009): Identifying vegetarians and their food consumption according to self-identifikation and operationalized definition in Finland, Public Health Nutrition, Vol. 12, Issue 4, pp. 481 – 488

von Alvensleben, R. (1995): Das Imageproblem bei Fleisch – Ursachen und Konsequenzen. In: Berichte über Landwirtschaft, Band 73. S. 65 – 82

von Koerber, K.; Männle, T. & Leitzmann, C.(2004): Vollwert-Ernährung. Konzeption einer zeitgemäßen und nachhaltigen Ernährung, Stuttgart; Haug Verlag

Weitere Publikationen

Vom gleichen Autor sind bisher erschienen:

Kolb, Horst Siegfried (2012): Clinical Reasoning in der Altenpflege.
München: Grin-Verlag

Kolb, Horst Siegfried (2012): Kognitive Verzerrungen im Clinical Reasoning der Altenpflege.
München: Grin-Verlag

Kolb, Horst Siegfried (2014): Intuitive Clinical Reasoning.
München: Grin-Verlag

Kolb, Horst Siegfried (2014): Clinical Reasoning und der Pflegeprozess als CRA-Prozess in der Altenpflege.
Hamburg: Disserta-Verlag

Kolb, Horst Siegfried (2014): Evidence-based Practice.
Einführungsvortrag.
München: Grin-Verlag

Kolb, Horst Siegfried (2014): Clinical Reasoning.
Einführungsvortrag.
München: Grin-Verlag

Kolb, Horst Siegfried (2014): Denkstrategien und die 6 Denkhüte im Pflege- und Therapieprozess.
Einführungsvortrag.
München: Grin-Verlag

Kolb, Horst Siegfried (2014): Motivation durch Zielvereinbarung innerhalb der Zwei-Faktoren-Theorie.
München: Grin-Verlag